从小爱科学——生物真奇妙（全9册）

U0220536

我们家族的外号是什么

[韩] 曹永美　著

[韩] 李旨冶　绘

千太阳　译

石油工业出版社

你们好，我叫累力。

我的外号是"小聪明"。

我们家的成员都拥有各自的外号。

我哥哥的外号是"运动健将";妈妈和爸爸的外号是"料理王"和"狗鼻子"。

什么？你很好奇我们为什么会有这样的外号？

"累力，你看到妈妈的钱包放哪里了吗？"

妈妈原本打算去超市买东西，结果怎么也找不到钱包。

"妈妈，您也真是的……你的钱包不是放在抽屉里吗？"

"真不愧是我们家的小聪明！记忆力真好。"

妈妈疼爱地捏着我的脸颊说道。

"累力，你知道创可贴放在哪里了吗？怎么突然就找不到了？"

不小心切到手指的爸爸惊慌失措地问道。

"您上次不是放在电视柜的第二个抽屉里了吗？"

"我们家的累力可真聪明。"

爸爸抚摸着我的脑袋说道。

大脑的结构和作用

　　我们的头的外部包裹着一层坚硬的头骨，头骨里面则是人的大脑。大脑大致可分为大脑、小脑及脑干。它们各自分担着不同的工作。大脑是我们进行思考、行动及维持生命的过程中不可缺少的重要器官。

大脑

脑干

小脑

哪天要是我不在家，我们家就会立刻乱成一团，然后他们都会伸长脖子等我回来。
"累力，快点回来吧！"

我也不知道我的记忆力为什么会这么好。

"累力的记忆力这么好，一定是特别聪明的孩子。"
妈妈时常念叨。

或许，我真的如妈妈所说的那样是一名天才。

大脑的功能

　　头脑聪明与否与大脑有着很大的关联。大脑占据整个人脑重量的80%以上。大脑具有记忆我们曾经经历过的事情、储存我们学习的内容、感受并反映各种刺激、感受情感等重要的作用。大脑与我们的运动、语言、听觉、视觉等都有关系。

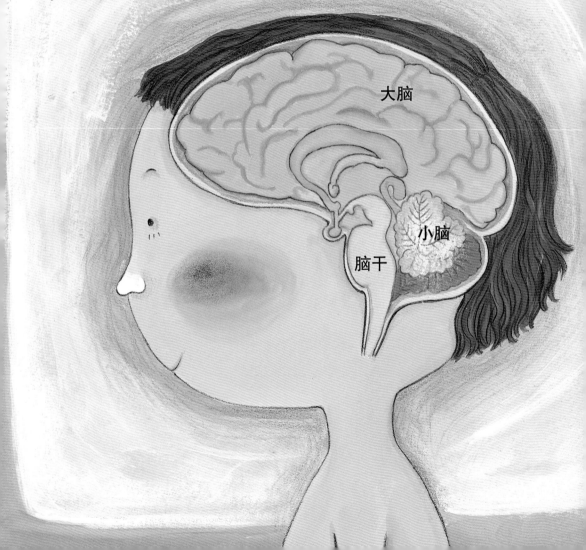

我的哥哥虽然比我大两岁，但我时常觉得
他不像是个哥哥，反而更像是我的朋友。

因为他从来都不会让着我这个弟弟。

"你们又吵架了？我不是说过要学会谦让吗？"

妈妈每次教育我们的时候都会说这句话，但哥哥好像怎么也记不住。

　　参加运动的时候，我会觉得哥哥
非常帅气。

　　因为哥哥的运动神经非常发达。

　　所以每次跟哥哥一起运动，我都
觉得很有趣、很愉快。

想踢足球或打棒球的时候，爸爸也会先找哥哥。

"累力，我们家的运动健将去哪儿了？"

"爸爸您也真是的。哥哥刚刚不是说过到邻居家玩吗？"

"哈哈，好像是这么说过。可惜了，原本还想踢足球呢……"

"爸爸，我们两个人也可以去踢足球啊！"

"三个人玩比两个人玩有意思嘛！"

"哥哥擅长运动，所以有他加入确实更有意思。"

小脑的功能

　　是否擅长运动跟小脑有很大的关联。小脑可以调节身体的平衡，让我们走路时不会摔倒。当大脑发出指令让我们的身体做出某个动作时，小脑会调节完成这些动作所需的肌肉进行配合。因此，擅长运动的人通常小脑都很发达。

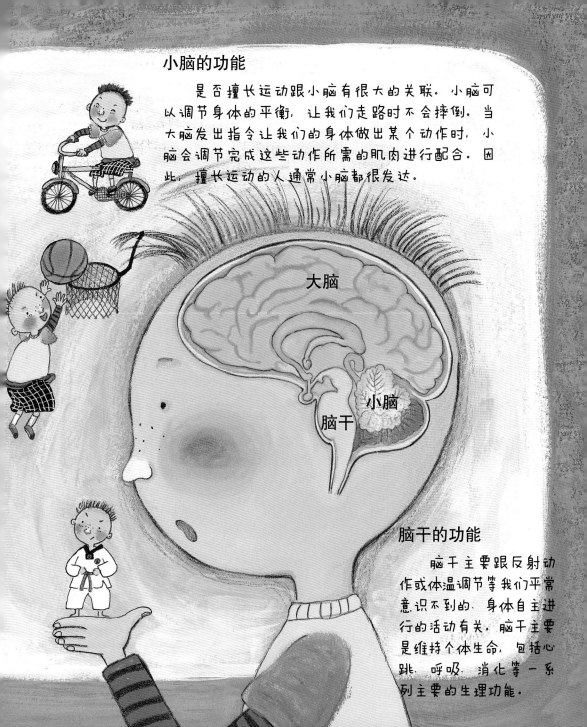

大脑

小脑

脑干

脑干的功能

　　脑干主要跟反射动作或体温调节等我们平常意识不到的、身体自主进行的活动有关。脑干主要是维持个体生命，包括心跳、呼吸、消化等一系列主要的生理功能。

任何时候，只要我们喊饿，妈妈都会迅速做出好吃的饭菜。

"妈妈，我肚子饿了。有什么吃的吗？"

"稍微等一下，马上做给你吃。"

妈妈做出来的饭菜味道很可口，所以我们都叫她"料理王"。

据爸爸所说，这是因为妈妈的味觉比别人发达的缘故。

"闻闻，这个味道似乎是加入辣椒酱和番茄酱，跟鱼豆腐一起炒出来的炒年糕条。"

爸爸只要一闻到味道就能准确地猜出妈妈做出来的是什么食物。

甚至，他还能猜出谁家做出了何种食物。

妈妈说爸爸擅长闻味道，所以给他起了个外号叫"狗鼻子"。

厨房里响起了妈妈的叫喊声：

"快来吃炒年糕条！"

爸爸果然又猜对了！

冒着热气的炒年糕条看起来好好吃啊。

如果想要比哥哥吃得多，我就得快点开动起来。

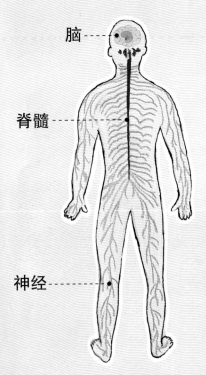

脑------

脊髓------

神经------

我们之所以能够闻到气味，与身体的感觉器官鼻子密不可分。

我们的身体中能够接收刺激的感觉器官主要有眼睛、鼻子、舌头、耳朵、皮肤。感觉器官感受到的刺激可以通过神经直接传递到脑，也可以通过脊髓传递到脑。脊髓位于脊椎中，脊髓接收到的刺激传递到脑中，我们就能感受到刺激了。

"嘶，好辣呀！"

我吃下一根炒年糕条就连忙灌了一口水。

炒年糕条虽然很辣，但实在太好吃了。

为了吃炒年糕条，我只能在身边放了一大瓶水。

我们在感到咸和辣的时候往往会找水喝。其实，这种行为跟神经有很大的关联。神经是由脑和脊髓发出的。当我们的身体受到外部的刺激时，感觉系统就会发出对应的信号，而这些信号会通过神经和脊髓，传递到大脑。这时，大脑会判断应该做什么动作，而这个判断会通过脊髓和神经传递到运动系统，让我们的身体做出反应。例如当我们吃下辣味的炒年糕条时，大脑就会感受到这个味道，然后下达喝水的命令。

 感觉系统

 大脑

传入神经

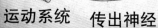

运动系统　　传出神经　　脊髓

我虽然喜欢吃东西，但很讨厌吃不和口味的食物。

如果我不爱吃的胡萝卜是巧克力味道该有多好？

如果所有的食物都是我喜欢的口味该有多好？

我是不是有点异想天开了？

现在你该知道我们一家人为什么会有"小聪明""运动健将""料理王""狗鼻子"等外号了吧?

每个成员都拥有外号的家庭,你是不是也很羡慕呢?

要想成绩好，需要好好睡觉

在醒着的时候，我们从外界接受很多信息，体验各种各样的事情。然后将所看、所听、所感、所想的情报记忆起来，而这些活动离不开大脑。在我们睡觉的时候，大脑把这些信息进行整理并储存在大脑皮质中的海马区，把认为重要的事情储存在"长期记忆抽屉"里，把那些认为不重要的储存在"短期记忆抽屉"里或者直接将其删除掉。如果我们不睡觉，会怎么样呢？如果这样，我们的大脑会不分昼夜地接受各种信息而无法很好地进行整理和储存，其结果是脑子变得一团糟。也就是说，如果不睡觉，我们无法从"记忆抽屉"中提取有用的信息，也无法下达有效命令。所以，要想成绩好，需要好好睡觉！🍁

大脑皮质

海马体

我们身体的神奇反应

　　小朋友们都吃过橙子吧？如果咬下一口橙子，马上能感觉到酸酸的味道，并分泌出大量的唾液。吃过几次橙子后，只要看到圆圆的橙子，我们的嘴里满满的都是口水。这是因为，通过几次刺激，大脑记住了橙子的味道。　像这样，只通过间接刺激，根据之前的经验大脑做出反应的行为叫做"条件反射"。与之相反，如果身体接受了某种刺激而无意识地做出反应的行为叫做"无条件反射"。有一个皮球急速向你飞过来时，无意识地紧闭双眼；不小心触碰很烫的物体，手指还没有真正感觉到热度，就迅速把手移开，这些现象都是无条件反射。迅速地紧闭双眼和把手移开，做出这些反应时，大脑还没下达命令，是我们的脊髓神经先于大脑下达的应急命令。像这样，多样而神奇的反应都和我们的大脑和脊髓有关。

收获吧，科学的果实！

1 记忆力突出的累力的外号是什么？

2 感觉系统感受到的刺激会通过脊髓传递到哪里？

3 阅读下面的内容，在 选项 中选出适当的词语填入 里。

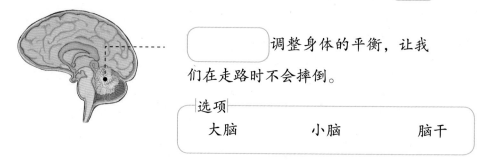

调整身体的平衡，让我们在走路时不会摔倒。

选项

| 大脑 | 小脑 | 脑干 |

4 如果我们的身体里不存在神经，将会发生什么样的事情？发动你的想象力，大胆地说出来。

答案 1.小脑明 2.大脑 3.小脑
4.例 即便吃到很烫或很辣的食物，我们也会察觉不出来，另外，即使受伤，我们也不会觉得疼。

No. **462**

与孩子一起阅读
是最有爱的事！

福利增值

扫码免费领取
奥比编程课程

这套书中全都是生活中常见的科学故事。

从肉眼看不见的微小生物，到身体庞大的恐龙，

从小生命是如何诞生，到大自然的生态系统，

当你静下心来倾听这些有趣的故事时，

就可以见到神奇而惊人的科学原理。

好啦，让我们一起去奇妙的科学世界遨游吧！

图书在版编目（CIP）数据

我们家族的外号是什么 /（韩）曹永美著；（韩）李旨冶著；千太阳译. — 北京：石油工业出版社，2021.5 （从小爱科学. 生物真奇妙：全9册） ISBN 978-7-5183-3934-1 Ⅰ.①我… Ⅱ.①曹…②李…③千… Ⅲ.①生物学—少儿读物 Ⅳ.①Q-49 中国版本图书馆 CIP 数据核字（2020）第 167206 号

选题策划：艾 嘉 艺术统筹：艾 嘉 责任编辑：曹秋梅 李 丹 出版发行：石油工业出版社（北京安定门外安华里2区1号 100011） 网址：www.petropub.com 编辑部：（010）64523604 团购部：（010）64219110 64523649 经销：全国新华书店 印刷：北京中石油彩色印刷有限责任公司 2021年5月第1版 2021年5月第1次印刷 710毫米×1000毫米 开本：1/16 印张：18 字数：45千字 定价：135.00元（全9册）

（如发现印装质量问题，我社图书营销中心负责调换）版权所有，翻印必究

上架建议：生物学－少儿读物

ISBN 978-7-5183-3934-1

9 787518 339341

定价：135.00 元（全 9 册）